Warum ist Gras grün?

Wenn Licht auf etwas trifft, werden nur manche Farben wieder zurückgestrahlt. Gras erscheint grün, weil nur grünes Licht reflektiert wird.

Warum ist der Himmel blau?

Parragon

Bath • New York • Singapore • Hong Kong • Cologne • Delhi
Melbourne • Amsterdam • Johannesburg • Shenzhen

Bildnachweis:
Umschlag Vorderseite: iStockphoto
Alle Fotos im Innenteil: iStockphoto

Redaktion: Sarah Cushion
Layout: Claire Brisley
Herstellungsleitung: Jon Wakeham

Chartist House
15-17 Trim Street
Bath BA1 HA, UK

Realisation der deutschen Ausgabe: trans texas publishing, Köln
Übersetzung: Franz Leipold, Violau
Satz und Lektorat: Nazire Ergün, Köln

ISBN 978-1-4454-5752-9
Printed in China

INHALT

UNSER PLANET

Was ist an unserem Planeten besonders?

Die Erde ist vermutlich der einzige Planet im Sonnensystem, auf dem es Leben gibt. Voraussetzung dafür sind genügend Sonnenwärme und flüssiges Wasser. Die Erde hat sehr viel Wasser, fast drei Viertel der Erdoberfläche sind von Wasser bedeckt.

Kostbares Wasser

Der blaue Planet

Wie sieht die Erde vom Weltraum aus?

Sie ist tiefblau und hat weiße Wolkenbänder über manchen Erdteilen. Die Astronauten im All verbringen viel freie Zeit damit, ihre Schönheit zu bestaunen. Nachts können sie große Städte mit ihren Lichtern erkennen.

WUSSTEST DU SCHON?

Als die Erde entstand, herrschten extrem heiße Temperaturen. Nach Millionen von Jahren kühlte der Planet ab, Ozeane entstanden, und es bildete sich Sauerstoff. Die ersten Lebewesen gab es vor etwa drei Milliarden Jahren.

Warum ist der Himmel bei Nacht dunkel?

Wie alle Planeten dreht sich die Erde auf ihrer Bahn um die Sonne und um sich selbst. Wenn Dein Teil der Erde von der Sonne abgewendet ist, erreichen die Sonnenstrahlen ihn nicht – es ist Nacht. Gleichzeitig ist es auf der gegenüberliegenden Seite der Erde Tag.

LUFT

Woraus besteht Luft?

Luft besteht aus einem Gemisch unsichtbarer Gase (Stickstoff, Sauerstoff, Kohlendioxid und Wasserstoff) sowie Anteilen von Salz, Staub und Schmutz.

Woran kann man Luft erkennen?

Wir können Luft weder riechen noch schmecken, aber wir können sie spüren, wenn der Wind weht. Wind ist bewegte Luft – er lässt die Blätter rascheln und die Bäume rauschen und treibt Segelboote an.

WUSSTEST DU SCHON?

Wir benötigen Luft zum Atmen und zum Leben. Ohne Sauerstoff können wir nur drei Minuten überleben.

Luftballon

Gibt es im All Luft?

Die Lufthülle um die Erde wird als Atmosphäre bezeichnet. Sie erstreckt sich etwa 100 km über dem Erdboden; danach beginnt der Weltraum, in dem es keine Luft gibt. Die meisten Planeten haben eine eigene Atmosphäre, die sich von unserer sehr unterscheiden kann.

Astronaut im All

DIE SONNE

Wüste

Wie heiß ist die Sonne?

In den heißesten Wüsten der Erde kann das Sonnenlicht, das 150 Millionen km hinter sich hat, immer noch ein Ei kochen. Auf der Sonnenoberfläche herrschen Temperaturen von 6000 °C, und ihr Kern ist noch viel heißer.

Sonnen-Flecken

Hat die Sonne nur eine Farbe?

Die Sonne ist nicht überall gleich hell. Auf der Oberfläche gibt es dunklere Punkte. Es handelt sich um kühlere Flecken, die weniger sichtbares Licht abstrahlen.

WUSSTEST DU SCHON?

Die Sonne ist ein Stern, ein riesiger glühender Ball aus Gas. Sie existiert seit etwa fünf Milliarden Jahren.

Sonnenfinsternis

Wann verschwindet die Sonne?

Bei einer totalen Sonnenfinsternis. Dazu kommt es, wenn der Mond genau zwischen Sonne und Erde steht und sein Schatten auf die Erdoberfläche fällt.

STERNENHIMMEL

Wie entstehen Sterne?

Die Gase in einem Sternennebel verdichten sich zunehmend; dabei entstehen kugelförmige Gebilde, die sich immer schneller drehen und so heiß werden, dass es im Inneren zu einer Explosion und einer Kernreaktion kommt. Damit ist ein neuer leuchtender Stern entstanden.

Woraus bestehen Sterne?

Sie setzen sich meist aus den beiden Gasen Wasserstoff und Helium zusammen, die in verschiedenen Schichten das Innere des Sterns ausfüllen. Helium wird auch zum Füllen von Luftballons verwendet.

Heliumgefüllte Ballons

Sternennebel

Wie lange scheinen Sterne?

Sehr heiße helle Sterne verbrauchen ihre Energie in wenigen Millionen Jahren, während kühlere wie unsere Sonne Milliarden von Jahren strahlen.

WUSSTEST DU SCHON?

Alles im Weltraum – auch wir Menschen – sind aus Elementen wie Kohlenstoff oder Silizium zusammengesetzt, die ihre Entstehung den Sternen verdanken. Wir bestehen also aus Sternenstaub.

DER MOND

Warum verändert der Mond seine Form?

Der Mond ist kugelförmig wie die Erde und verändert sich in Wirklichkeit nicht. Auf seiner Bahn um die Erde sehen wir lediglich unterschiedliche, von der Sonne angeleuchtete Teile.

Mondphasen

Krater

Warum gibt es auf dem Mond so viele Krater?

Das liegt daran, dass der Mond keine Atmosphäre besitzt, die ihn vor dem Einschlag von Meteoriten schützt. Einer der größten Krater – Bailey – hat einen Durchmesser von 300 km. Mit einem guten Fernglas kann man die größeren Krater erkennen.

Hüpfen auf dem Mond

WUSSTEST DU SCHON?

Die Schwerkraft ist auf dem Mond viel weniger ausgeprägt als auf der Erde. Das heißt, Du würdest nur noch ein Sechstel wiegen und sechsmal so hoch springen können.

Mondsichel

Was ist die dunkle Seite des Mondes?

Das ist der Teil des Mondes, der von der Erde aus nie sichtbar ist. Es ist immer dieselbe Seite, da der Mond die gleiche Zeit für eine Erdumrundung wie für eine Drehung um sich selbst benötigt.

FARBEN DER NATUR

Ist Licht weiß?

Licht mag zwar weiß aussehen, aber in Wirklichkeit setzt es sich aus allen sieben Farben des Regenbogens zusammen – Rot, Orange, Gelb, Grün, Blau, Indigo und Violett.

Farben des Lichts

WUSSTEST DU SCHON?

Viele Tiere können keine Farben sehen, Vögel aber schon.

Wie entsteht ein Regenbogen?

Ein Regenbogen bildet sich, wenn das Sonnenlicht durch Wassertropfen fällt und in seine sieben Spektralfarben gebrochen wird.

Warum ist der Himmel blau?

Blaues Licht hat eine kurze Wellenlänge, daher wird der größte Teil von Gasmolekülen verschluckt und in verschiedene Richtungen gestreut. Wohin Du auch schaust, etwas von dieser Streuung erreicht Dich, und so erscheint der Himmel blau.

GEBIRGE

Wie entstehen Gebirge?

Wenn zwei Erdplatten zusammenstoßen, wird das Gestein zwischen ihnen zu einem gewaltigen Faltengebirge aufgetürmt. Oder große Gesteinsblöcke werden zusammengepresst.

Schneegipfel

WUSSTEST DU SCHON?

Je höher man hinaufsteigt, desto kälter wird es. Deshalb sind manche Berggipfel mit Schnee bedeckt und viele Gebirgstiere haben ein warmes Winterfell.

Bergziege

Wo findet man das höchste Gebirge?

Das höchste Gebirge der Welt ist der Himalaja in Zentralasien. Hier liegen zwölf der 14 über 8000 m hohen Berge, darunter der 8848 m hohe Mount Everest, der höchste Berg der Welt.

Warum schrumpfen Gebirge?

Ein Gebirge entsteht in Millionen von Jahren. Die meisten schrumpfen aber jeden Tag ein bisschen. Das liegt an der Erosion durch Wind, Wasser und Frost, die den Fels Stück für Stück abträgt.

DIE POLE

Antarktis

Wo liegen die Pole?

Nord- und Südpol findet man an den gegenüberliegenden Enden der Erde. Der Nordpol liegt im zugefrorenen Nordpolarmeer, der Südpol mitten in der Eiswüste der Antarktis.

Warum sind die Pole kalt?

An den Polen toben Schneestürme, und alles ist mit Eis und Schnee bedeckt. Da die Sonnenstrahlen dort in einem schrägen Winkel auftreffen, geht viel von ihrer Energie verloren und es bleibt sehr kalt.

Gibt es am Nordpol Pinguine?

Nein, Pinguine gibt es nur in südlichen Breiten; aber im Nordpolarmeer leben Eisbären.

WUSSTEST DU SCHON?

Der kälteste Ort der Erde ist Vostok in der Antarktis. Hier sind Temperaturen von –89 °C gemessen worden.

Pinguin

Eisbär

DAS MEER

Wie groß sind Meere?

Fast zwei Drittel der Erde sind von Meeren, das heißt von Salzwasser bedeckt. Es gibt fünf Ozeane: Nordpolarmeer, Atlantik, Pazifik, Indischer Ozean und Südpolarmeer.

Taucher unter Wasser

Welcher Ozean ist der größte?

Der mit Abstand größte Ozean ist der Pazifik; er macht allein ein Drittel der Erdoberfläche aus. Zwischen Malaysia und Panama nimmt er die halbe Länge des Erdumfangs ein.

WUSSTEST DU SCHON?

Ferdinand Magellan brach als Erster zu einer Weltumseglung auf. Er stach 1519 von Spanien aus in See.

Warum sind Meere salzig?

Der salzige Geschmack ist auf gewöhnliches Salz zurückzuführen; es ist das gleiche Salz, das wir zum Würzen von Speisen verwenden. Regenwasser wäscht es aus Gestein heraus, und die Flüsse transportieren es zum Meer. Man kann Salz gewinnen, indem man Meerwasser in Becken verdunsten lässt.

Warum gibt es Ebbe und Flut?

Zweimal am Tag steigt der Meeresspiegel (Flut) und sinkt wieder (Ebbe). Diese Gezeiten entstehen durch die Anziehungskräfte des Mondes und der Sonne, die unterschiedlich starken Wasseranstieg auf beiden Seiten der Erde erzeugen.

Ebbe

Sandstrand

Warum gibt es Sandstrände?

Sand entsteht aus Steinen oder Muschelschalen, die von Wind und Wasser zermahlen werden. Oft ist Sand weiß oder gelb, oder auch schwarz, wenn er Vulkangestein oder Kohlenstoff enthält.

WUSSTEST DU SCHON?

Wenn man alle Küstenlinien geradeziehen würde, wären sie 13-mal länger als der Erdumfang. Kanada hat mit etwa 90 000 km die längste Küste.

Wie entstehen Klippen?

Wellen, die mit großer Gewalt gegen Felsen an der Küste donnern, formen allmählich Klippen, Höhlen und Bögen aus. Manchmal stürzt ein Bogen ein und hinterlässt eine einzelne Felssäule.

WÜSTEN

Warum sind Wüsten trocken?

Wüsten zählen zu den trockensten Gebieten der Erde. In manchen regnet es oft jahrelang nicht, in anderen fällt überhaupt kein Regen. Die sengende Hitze kann den Sand so stark aufheizen, dass man darin ein Ei kochen kann.

Kamel in der Sahara

Bewegen sich Sanddünen?

Starke Winde, die über die Wüste wehen, können den Sand zu gewaltigen Dünen aufhäufen. Die größten werden über 200 m hoch, bewegen sich Jahr für Jahr vorwärts und können sogar ganze Wüstenstädte unter sich begraben.

Sind alle Wüsten sandig?

Nein, nur ein Viertel sind Sandwüsten. Die meisten sind Kies- und Felswüsten. In manchen Wüsten gibt es sogar hohe Berge oder seltsam geformte Felsen, die sich in den Himmel recken.

Felswüste

WUSSTEST DU SCHON?

Die Sahara ist die größte Sandwüste der Erde. Sie bedeckt fast ein Drittel von Afrika.

Sand-
wüste

PFLANZEN

Sonnenblumen

Was ist eine Pflanze?

Pflanzen sind Lebewesen wie Menschen und Tiere: Sie wachsen, atmen, ernähren sich und pflanzen sich fort. Sie können mithilfe ihrer Blätter, Wurzeln, Stängel und Blüten die nötige Nahrung selbst herstellen. Pilze zählen nicht zu den Pflanzen, da sie zum Wachsen kein Sonnenlicht benötigen.

Pilze

Warum haben Pflanzen Wurzeln?

Mithilfe der Wurzel ist die Pflanze fest im Boden verankert und kann nicht so leicht durch einen Windstoß ausgerissen werden. Über die Wurzel nimmt eine Pflanze Wasser und Nährstoffe aus dem Boden auf, die dann über den Stamm oder Stängel weitergeleitet werden.

Wurzeln

Sonnenlicht

Was lässt Pflanzen wachsen?

Eine Pflanze benötigt Sonnenlicht, Wasser, Luft und Raum, um zu wachsen. Die meisten gehen ein, wenn sie im Dunkeln stehen.

WUSSTEST DU SCHON?

Manche Pflanzen wachsen auf anderen Pflanzen. Zu diesen Aufsitzerpflanzen (Epiphyten) gehören auch die Orchideen.

BLÄTTER

Warum haben Pflanzen Blätter?

Aufgabe der Blätter ist es, die Pflanze mit Nahrung zu versorgen. Grüne Blätter enthalten einen grünen Farbstoff namens Chlorophyll. Dieser verwandelt Wasser und Kohlendioxid – ein Gas in der Luft – mithilfe der Sonnenenergie in Zucker, den die Pflanze als Nahrung verwendet. Diesen Vorgang bezeichnet man als Fotosynthese.

Warum verfärben sich manche Blätter im Herbst?

Grüne Blätter wechseln ihre Farbe, wenn sich ihr Chlorophyll im Herbst abgebaut hat. Dann sind sie braun, rot oder golden gefärbt.

Warum haben Pflanzen Stängel?

Stängel wachsen dem Sonnenlicht entgegen und tragen die für die Fotosynthese nötigen Blätter. Sie befördern außerdem Wasser, Mineralien und gelöste Nährstoffe. Stängel haben ganz unterschiedliche Formen, von gerade bis gekrümmt.

WUSSTEST DU SCHON?

Pflanzen „schwitzen". Während der Fotosynthese scheiden sie Wasser aus. Man kann dies an den Wänden eines Gewächshauses sehen.

BÄUME

Warum verlieren Bäume ihre Blätter?

Die Laubbäume werfen im Herbst ihre Blätter ab, da es im Winter weniger Sonnenlicht gibt und das Wasser im Boden gefriert. Diese Bäume ruhen im Winter. Sie haben im Sommer genügend Nährstoffe gespeichert, um die kalte Periode bis zum Frühling zu überstehen.

Was sind Wachstumsringe?

Jedes Jahr verbreitert ein neuer Wachstumsring den Stamm eines Baumes. Er ist dicker, wenn der Baum in einem warmen Sommer mit viel Regen stark gewachsen ist, und schmaler, wenn es zu kalt oder zu trocken war.

Wachstumsringe

WUSSTEST DU SCHON?

Pflanzen schlafen auch. Grüne Pflanzen können nur tagsüber bei ausreichend Sonnenlicht Fotosynthese betreiben. Nachts ruhen sie.

Verlieren alle Bäume Blätter?

Nein. Manche Bäume behalten ihre Blätter das ganze Jahr über. Sie heißen immergrüne Nadelbäume, dazu gehören Kiefern, Tannen und Fichten.

Kiefern

REGENWÄLDER

Warum sind Regenwälder so feucht?

Weil es jeden Tag regnet. Meist ziehen nachmittags dunkle Wolken auf, und dann gibt es ein heftiges Gewitter. Regenwälder findet man am Äquator wo es das ganze Jahr über feucht und schwül ist – das perfekte Wachstumsklima für Pflanzen.

Wo gibt es die größten Wälder?

Im Norden Europas und Asiens. Hier erstrecken sich über Tausende von Kilometern große Wälder aus Koniferen, das sind Bäume, die Nadeln statt Blätter sowie Zapfen haben.

Tief im Regenwald

Wie wachsen Regenwälder?

Regenwälder wachsen in abgestuften Zonen. Die oberste Zone bilden die Baumriesen. Darunter findet man eine dichte Zone aus niedrigeren Bäumen, das Kronendach. Darauf folgt das Erdgeschoss mit kleinen Bäumen und Sträuchern.

Mehrere Baumzonen

WUSSTEST DU SCHON?

Der größte Regenwald erstreckt sich in Südamerika entlang des Amazonas. Hier sind Millionen von Pflanzen- und Tierarten zu Hause.

Baumfrosch

BLÜTEN

Warum haben Pflanzen Blüten?

Die meisten Pflanzen entwickeln farbenprächtige Blüten, um dadurch Vögel, Fledermäuse und zahlreiche Insektenarten anzulocken. Diese Tiere helfen der Pflanze, sich zu vermehren.

Blumenwiese

Warum duften Blüten?

Der Duft lockt Insekten und andere Tiere an. Er verrät ihnen, dass sie im Inneren der Blüte einen heißbegehrten zuckerhaltigen Saft vorfinden, den sogenannten Nektar.

Biene und Blüte

Rafflesia

WUSSTEST DU SCHON?

Rafflesia riecht nach fauligem Fleisch. Das lockt zahlreiche Fliegen an, die den Aasgeruch lieben.

Wie entstehen Samen?

Blüten besitzen weibliche (Fruchtknoten) und männliche (Staubblätter) Anteile. Die Staubblätter produzieren Pollen, im Fruchtknoten werden die Eizellen gebildet. Wenn der Pollen die Eizellen erreicht, kommt es zur Bestäubung, und es entstehen Samen.

TÖDLICHE PFLANZEN

Gibt es gefährliche Pflanzen?

Manche Pflanzen enthalten ein Gift, um Tiere abzuwehren, wie beispielsweise Fingerhut, Lupinen und Tollkirsche. Der Giftsumach verursacht Blasen, wenn man ihn ohne Handschuhe berührt. Brennnesseln haben feine Härchen auf ihren Blättern, die bei Berührung ein brennendes Gift abgeben.

Tollkirsche

Rose mit Dornen

Welche Pflanzen tragen Waffen?

Brombeeren und Rosen sind mit Dornen, Kakteen mit spitzen Stacheln bewehrt. Stechpalmen haben stachlige Blätter; sie sollen Tiere abhalten, sie zu fressen.

Venus-
Fliegenfalle

Fressen Pflanzen Fleisch?

Einige Pflanzen betreiben zwar Fotosynthese, fangen aber nebenher Insekten. Wenn ein Insekt ein empfindliches Haar auf der Blattinnenseite der Venusfliegenfalle berührt, klappt das Blatt zusammen, und das Tier ist gefangen. Die Pflanze gibt dann Verdauungssaft ab, der das Tier aufgelöst.

WUSSTEST DU SCHON?

Kartoffeln sind giftig, aber nur die grünen Blätter. Die Knollen schmecken sehr gut.

Kartoffeln

NUTZPFLANZEN

Welche Pflanzen sind essbar?

Fast alle Pflanzenarten sind essbar. Wir können die Blätter, Wurzeln und Stiele von Gemüse sowie viele Früchte und Nüsse essen. Auch Zucker, Frühstücks-zerealien und sogar Schoko-lade stammen von Pflanzen.

WUSSTEST DU SCHON?

Pflanzen liefern uns gute Ideen: Die Klette besitzt Stacheln mit feinen Häkchen, die als Vorlage für Klettverschlüsse dienten.

Zerealien

Was bieten Pflanzen noch?

Pflanzen liefern uns viele andere nützliche Dinge. Baumwolle stammt vom Baumwollstrauch, und Leinen wird aus Flachs gewonnen. Aus Pflanzen werden auch Speiseöle, Kosmetikprodukte und Arzneimittel hergestellt.

Baumwollstrauch

Baumwollkleidung

VULKANE

Vulkanausbruch

Warum brechen Vulkane aus?

Vulkane sind feuerspeiende Berge. Tief in der Erde ist das Gestein rot glühend und flüssig; man nennt es Magma. Manchmal dringt es durch einen Spalt in der Erdkruste und führt zum Ausbruch eines Vulkans.

Fließende Lava

Was ist Lava?

Wenn sich Magma aus einem Vulkan ergießt, wird es Lava genannt. Lava kann dick und zäh oder dünn und flüssig sein. An der Luft kühlt sie langsam ab und bildet ein hartes, schwarzes Gestein.

Was ist Vulkanasche?

Beim Ausbruch entstehen Wolken aus Gas und Vulkanasche. Sie können sich mit 160 km/h ausbreiten – das ist so schnell wie ein Zug.

WUSSTEST DU SCHON?

Einige der höchsten Berge der Welt sind Vulkane, darunter der Kilimandscharo in Afrika, der aber erloschen ist.

Kilimandscharo

ERDBEBEN

Was lässt die Erde beben?

Die Erdoberfläche setzt sich aus mehreren riesigen Platten zusammen, die auf dem teilweise zähflüssigen Erdinneren liegen. Manchmal stoßen zwei Platten heftig aneinander, und die Erde bebt.

Welchen Schaden richten Erdbeben an?

Ein heftiges Erdbeben kann gewaltige Schäden verursachen. Risse tun sich in der Erde auf, Häuser und Brücken stürzen ein. Viele Menschen werden durch einstürzende Trümmer verletzt oder verlieren gar ihr Leben.

Erdbebenschäden

Wie messen Wissenschaftler ein Erdbeben?

Ein Erdbeben sendet Druckwellen aus. Wissenschaftler studieren diese Wellen mithilfe eines Seismografen und legen die Stärke anhand einer Skala fest, die von 1 bis 10 reicht.

Seismograf

WUSSTEST DU SCHON?

Das bisher stärkste Erdbeben in den USA erreichte eine Stärke von 9,2; es wurde am 28. März 1964 im Prince William Sound in Alaska gemessen.

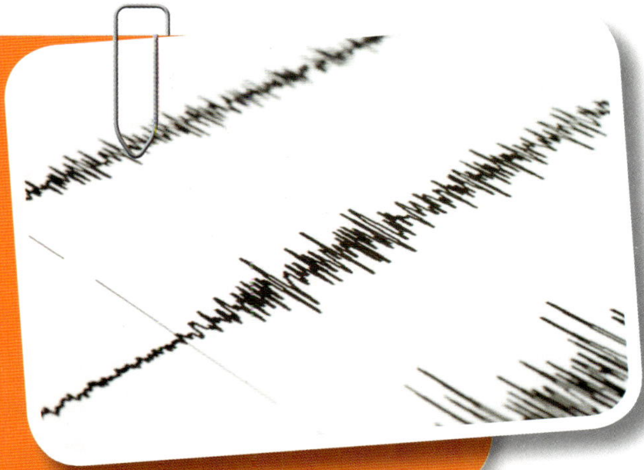

HOCHWASSER

Wie entsteht Hochwasser?

Meist regnet es sehr lange und heftig, sodass die Flüsse über die Ufer treten und alles Land ringsum überschwemmen. Auch Stürme können Flutkatastrophen auslösen mit meterhohen Wellen, die gegen das Ufer schlagen.

Überflutete Stadt

Was ist eine Springflut?

Springfluten treten plötzlich und ohne Vorwarnung auf. Mitunter gibt es keine Zeit, um die Menschen aus den Häusern zu evakuieren. Springfluten treten sogar in der Wüste auf, wenn es zu einem der seltenen Wolkenbrüche kommt.

Sind Fluten nützlich?

Ja, der Nil in Ägypten trat jedes Jahr über die Ufer, überschwemmte das Land und hinterließ fruchtbaren Schlamm auf den Feldern. Dank dieser natürlichen Düngung erzielten die Bauern häufig Rekordernten. Heute ist der Nil durch einen großen Staudamm gebändigt.

Nil

Springflut

WUSSTEST DU SCHON?

Im Jahr 1955 riss eine Flut in Neuengland, USA, ein vierstöckiges Hotel aus Holz mit sich. Kannst Du Dir die überraschten Blicke der Gäste vorstellen, als sie zum Fenster hinaussahen?

Wann kommt es zu Gewittern?

Ein Gewitter bildet sich meist an heißen Sommertagen, wenn die Luft warm und stickig ist. Dann bedecken riesige dunkle Gewitterwolken den Himmel – ein sicheres Zeichen, dass bald ein Sturm losbrechen wird.

Wie entsteht ein Donner?

Ein Blitz ist unglaublich heiß, seine Temperatur ist fünfmal so hoch wie die Temperatur auf der Sonnenoberfläche. Wenn er über den Himmel rast, erhitzt er in Sekundenbruchteilen die Luft, was zu einem lauten explosionsartigen Grollen führt – dem Donner!

Gewitterwolken

WUSSTEST DU SCHON?

Blitz und Donner entstehen gleichzeitig. Doch der Blitz erscheint früher, da sich das Licht mit höherer Geschwindigkeit ausbreitet als der Schall.

Wie entsteht ein Blitz?

Im Inneren einer Gewitterwolke weht ein starker Wind, der die Wassertropfen ständig umherschleudert. Sie stoßen ständig aneinander und laden die Wolke mit Elektrizität auf, die sich schließlich in einem über den Himmel zuckenden Blitz entlädt.

REGISTER